U0204344

KEKAO DUI DE 24 XIAOSHI

# 科考队的

# 24小时

英国尤斯伯恩出版公司 编著 江 湉 译

接力出版社
Publishing House

桂图登字：20-2021-038

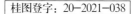

Batch No.：7204/4
First published in 2022 by Usborne Publishing Limited，England.

图书在版编目（CIP）数据

科考队的 24 小时 / 英国尤斯伯恩出版公司编著；江湉译．—南宁：接力出版社，2023.5
（24 小时漫画）
ISBN 978-7-5448-8123-4

Ⅰ．①科… Ⅱ．①英… ②江… Ⅲ．①南极－科学考察－儿童读物 Ⅳ．① N816.61-49

中国国家版本馆 CIP 数据核字（2023）第 048260 号

责任编辑：唐 玲 文字编辑：刘 楠 美术编辑：杨 慧
责任校对：高 雅 责任监印：郭紫楠 版权联络：闫安琪
社长：黄 俭 总编辑：白 冰
出版发行：接力出版社 社址：广西南宁市园湖南路9号 邮编：530022
电话：010-65546561（发行部） 传真：010-65545210（发行部）
网址：http://www.jielibj.com E-mail:jieli@jielibook.com
经销：新华书店 印制：鹤山雅图仕印刷有限公司
开本：787毫米 × 1092毫米 1/16 印张：4 字数：60千字
版次：2023年5月第1版 印次：2023年5月第1次印刷
印数：00 001—10 000册 定价：42.00元

本书中的所有图片均由原出版公司提供
审图号：GS（2023）1290号

# 科考队的24小时

翻到第15页和企鹅一起游泳吧。

你知道南极洲曾是一片繁茂的热带雨林吗？快到第21页去看看吧。
A

谁是第一个到达南极点的人？答案在第6页哟。

11月29日07：15
南极洲（以下简称南极）
罗瑟拉科考站
气温：1℃

**在地球的最南端，**
**太阳正24小时照耀着大地。**
**清晨，罗瑟拉站即将苏醒。**

罗瑟拉站是英国南极考察局在南极设立的主要科考站。夏季有超过100人在这里生活和工作，而到了冬季则只有22人留守在此。

丁零零丁零零丁零零丁零零丁零零丁零零
07: 15
07: 16
早上好，我是薇薇安！

现在是南极的夏季，太阳不会落山，所以我睡觉时要戴着眼罩。
来南极时你必须轻装上阵，只带一些最重要的东西。
07: 19

啊！太亮了！
雪地反射的阳光十分刺眼。

我上周才到这儿，还无法适应这种强光！

我猜你很想知道我来这里做什么，但可能和你想的并不一样……

我不是英勇无畏的探险家，

也不是为了科研而来到这里的科学家。

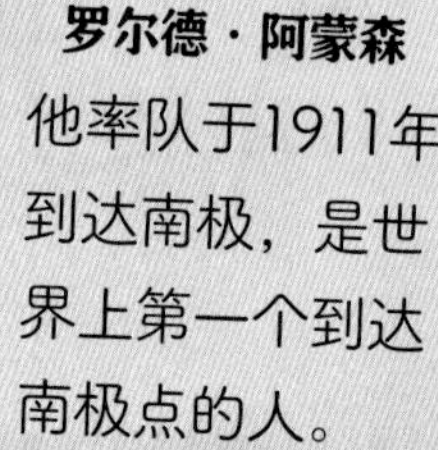

**罗尔德·阿蒙森**

他率队于1911年到达南极，是世界上第一个到达南极点的人。

**罗伯特·福尔肯·斯科特**

他率领的探险队晚于阿蒙森五周抵达了南极点，但是他本人葬身于南极。

**安·班克罗芙特**

历史上第一位通过步行和乘坐雪橇的方式到达南、北极点的女性探险家。

地质学家——正从岩石上采集样品，这块岩石被冰运移了数公里。

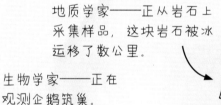

生物学家——正在观测企鹅筑巢。

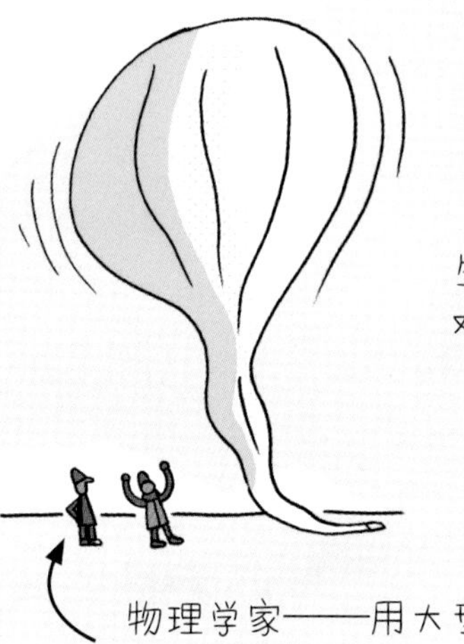

物理学家——用大型气球来搜寻太空中的颗粒物质。

气候学家——钻取古老的冰芯样品。

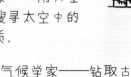

我是一名机械师，我会和这里的每个人一起工作。

07：45——
餐厅
在南极生存需要的是团队协作，这里的每个人都负责一项重要的工作。
厨师
香肠好了！
南极太大了，飞机是最好的交通工具。
飞行员
船员
罗瑟拉站的大部分食物来自每年一次的船运补给。那会是一笔超大量的订单！
在夏季，每隔几周也会有飞机送来新鲜的食材，这些是临时补给。
计算机专家
木匠
野外向导——野外生存专家，确保大家在冰面上行动时的安全。
这里无法使用手机，因此队员们用无线电对讲机互相联系。
糟糕！
早餐泡汤了……
医生——
罗瑟拉站周围数公里之内都没有医院，所以医生必须能够应对各种紧急情况。
天哪！吐司机坏了。
地质学家
这是什么怪味？
站长
实验室
助理

最近的商店距离这里数千公里，我们只能用现有的东西来想办法修吐司机了。
借一下你的笔，我用它来试试。
搞定！试用一下吧。
咔嗒！
修好了！像新的吐司机一样好用。
薇薇安，谢谢你！你真是天才。
砰！
一顿经典的英式早餐
茶
烤番茄
香肠
鸡蛋
蘑菇
培根
焗豆子
咖啡
多吃点！一会儿的足球比赛肯定需要很多力气！

*此数据参考美国《国家地理》，《辞海》数据为5140米。

08：30
邦纳海洋研究实验室
气温：1℃

早上好！听说你们需要我的帮助。
早上好，薇薇安。你终于来了！
我们的潜水对讲机坏了！
潜水指导员
潜水员们正在准备去海底考察。

修好潜水对讲机需要很长时间吗？广播里说暴风雪就快来了，我们要赶在那之前完成工作。
快看！那是一只海豹吗？
错误警报！只是一个阴影而已。
没问题，看上去很好修。
海豹监测员在寻觅虎鲸和豹海豹的踪迹。

为什么你们不愿意在潜水时遇见海豹呢？
那对我们来说比较危险，尤其是遇到豹海豹。
它们甚至袭击过小型船只。

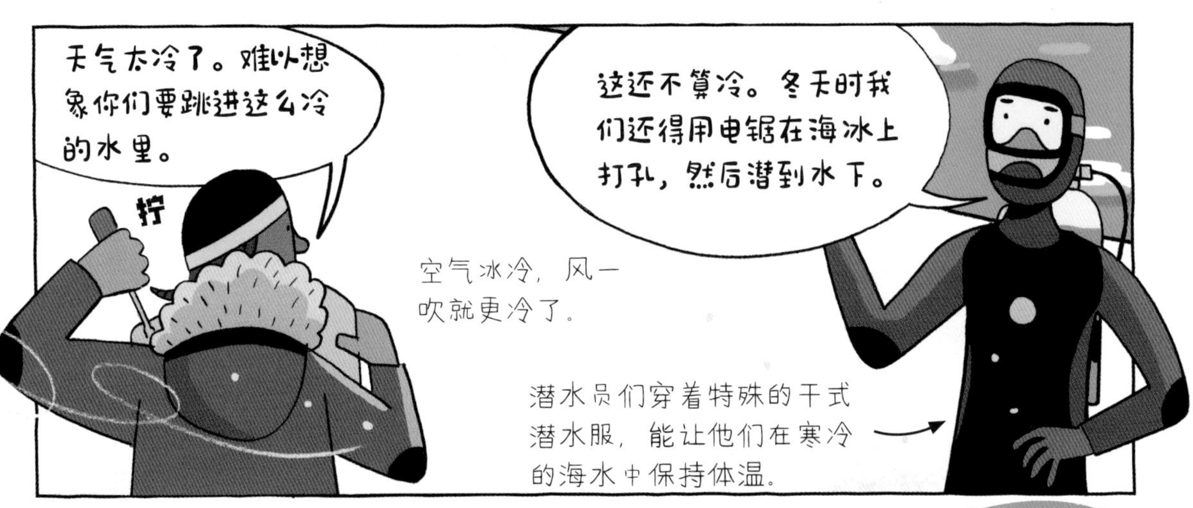
天气太冷了。难以想象你们要跳进这么冷的水里。
拧
这还不算冷。冬天时我们还得用电锯在海冰上打孔，然后潜到水下。
空气冰冷，风一吹就更冷了。
潜水员们穿着特殊的干式潜水服，能让他们在寒冷的海水中保持体温。

冬季潜水
海水温度：1.8℃
海豹很喜欢霸占我们的冰孔，为了不被困在水下，我们通常会打两个冰孔。

天哪，在冬天潜水真是太酷了！

你们冬天还会在这里做些什么？野餐吗？
嘎嘎！
嘎嘎！

哈哈！并不会，但还有很多其他活动。
薇薇安，你会在这里待多久？一个夏天还是一整年？
我要在这里待一整年！这里的冬天是什么样子的？

**南极的季节**

在南极只有两个季节。漫长的冬季从每年的四月*持续到十月，余下的月份就是夏季。

嗯……这里的冬天很长，很黑暗……

每年的五月末，太阳会落下去……

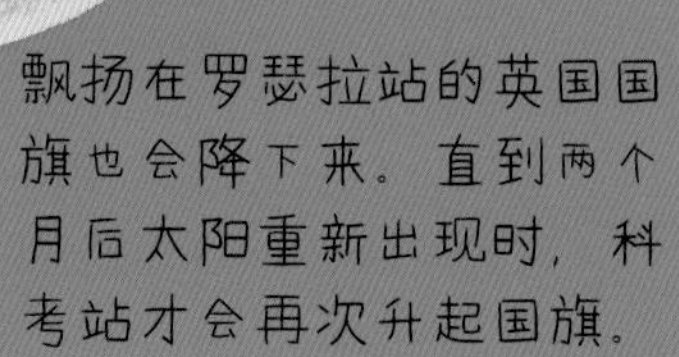

飘扬在罗瑟拉站的英国国旗也会降下来。直到两个月后太阳重新出现时，科考站才会再次升起国旗。

*数据参考《辞海》。

而且非常非常冷……
但是也很神奇！
温度会变得很低，如果你将一杯滚烫的热水泼向空中，这些水立刻就会冻住。
南极光像巨大的烟花一样在天空中闪耀！
每年的六月，我们都会举办盛大的聚会庆祝仲冬节。过了仲冬节，南极一年中最黑暗、寒冷的日子就要结束了！
我最喜欢的是这里的空旷和宁静。在这个冰雪的世界里，人类显得十分渺小。
哈哈！潜水对讲机已经修好了，你现在没法清净了。

# 水下动物世界

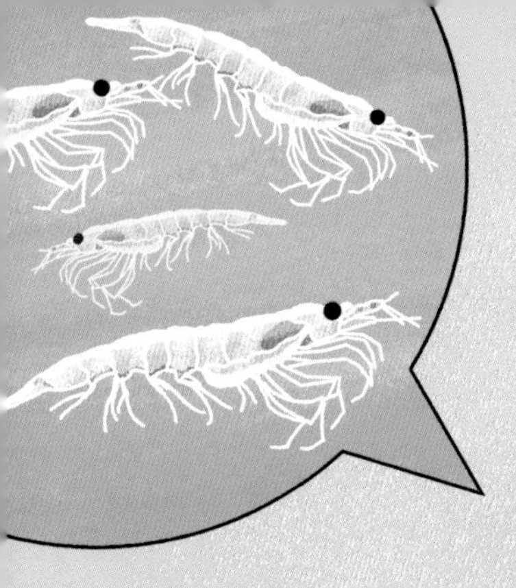

## 磷虾

几乎所有生活在南极的动物都会以磷虾为食，比如鱼类、海豹、鲸和企鹅等，磷虾对南极来说十分重要。在夏季，成千上万的磷虾聚集在一起洄游，形成长宽均达数百米的磷虾队伍。

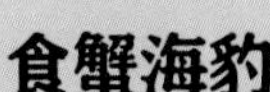

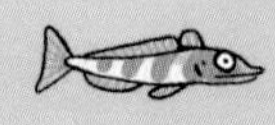

## 食蟹海豹

地球上最常见的海豹种类。虽然名字叫食蟹海豹，但它们的主要食物是磷虾，而不是螃蟹。

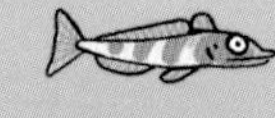

## 冰鱼

冰鱼的血液中能产生类似“抗冻剂”的抗冻蛋白质，保证它们可以在南极寒冷的环境下存活。

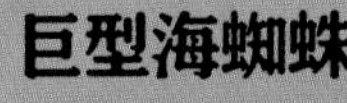

## 巨型海蜘蛛

南极冰冷的深层水富含氧气。生活在这里的海蜘蛛比它们在温暖水域生活的“表亲们”个头儿大得多。

## 巨型带状蠕虫

这些巨大的蠕虫可以长到2米长。

海参

海葵

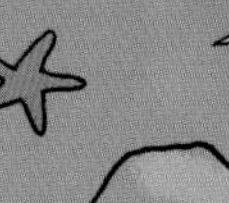

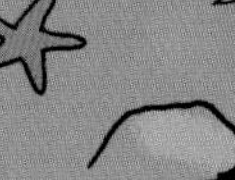

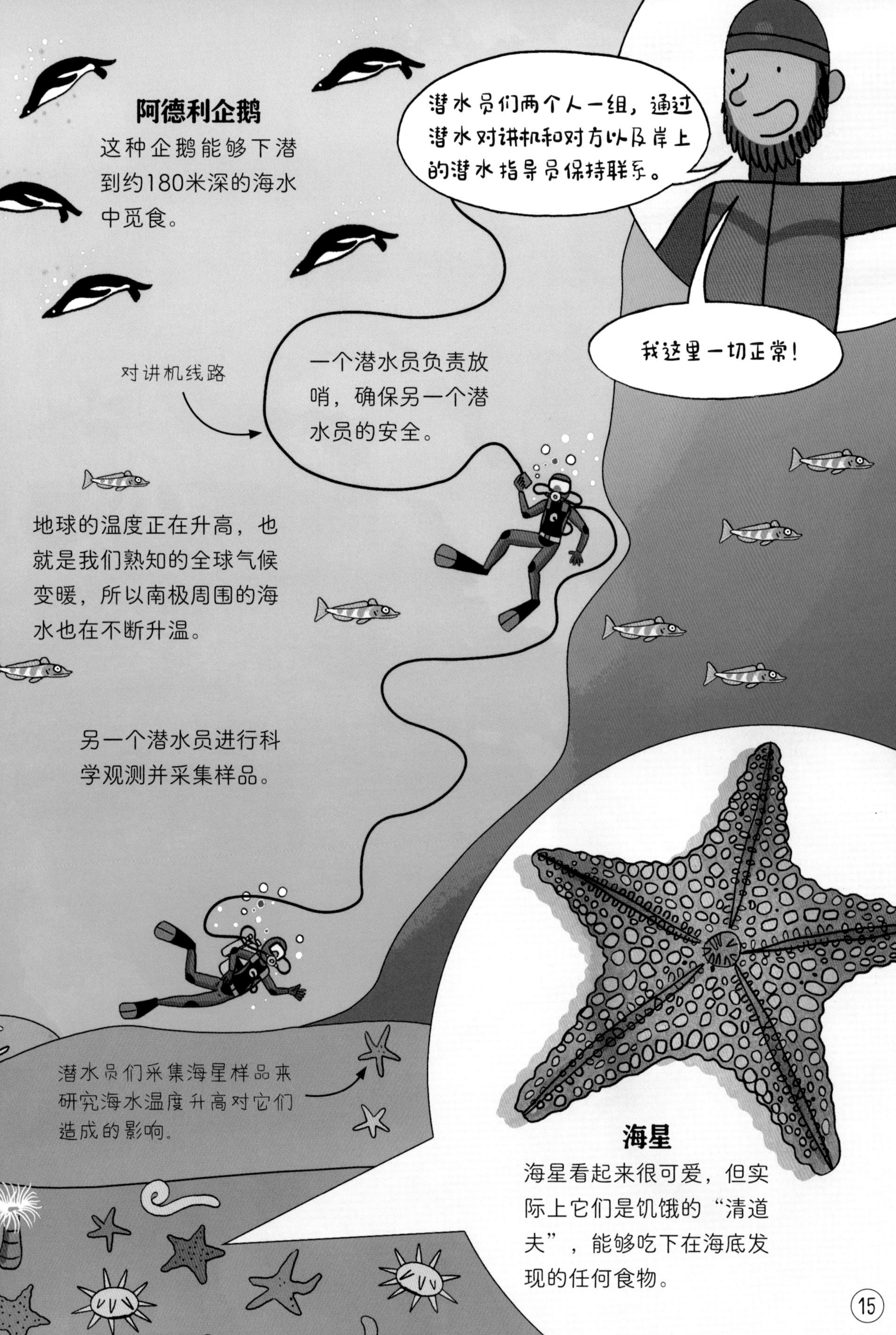

阿德利企鹅
这种企鹅能够下潜到约180米深的海水中觅食。
潜水员们两个人一组，通过潜水对讲机和对方以及岸上的潜水指导员保持联系。
我这里一切正常！
对讲机线路
一个潜水员负责放哨，确保另一个潜水员的安全。
地球的温度正在升高，也就是我们熟知的全球气候变暖，所以南极周围的海水也在不断升温。
另一个潜水员进行科学观测并采集样品。
潜水员们采集海星样品来研究海水温度升高对它们造成的影响。
海星
海星看起来很可爱，但实际上它们是饥饿的“清道夫”，能够吃下在海底发现的任何食物。

09：15——
潜水后

嘎！嘎！嘎嘎！嘎！

看，是一群阿德利企鹅！

当这些阿德利企鹅到海冰上去过冬时，这里会更加安静。

我喜欢它们在这片“土地”上自由自在到处游荡的样子。
嘎！
嘎！
嘎！
嘎！
嘎！
哈哈，它们确实很有趣，除了偶尔占领跑道导致我们的飞机无法起飞以外。

你好，小家伙！别太靠近哟。按照规定*，我必须和你保持距离。
5米

嘎！

*在《关于环境保护的南极条约议定书》中有相关规定。

它们有着流线型的身躯和水雷般的外形。

但是它们在水中真的能快如闪电。

它们的鳍就像水下螺旋桨一样。

油性的皮毛形成一个隔水层，使得水流能够流畅地在它们身体周围流动。

太有趣了！在来这儿之前，我并不知道南极有这么多的生物！

# 南极的野生动物

## 帝企鹅

帝企鹅是企鹅家族中个头儿最大的企鹅。冬天到来时，它们会成群依偎在一起互相取暖。

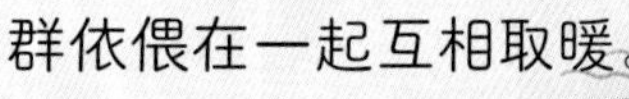

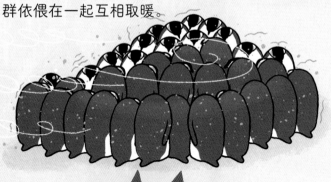

雄性帝企鹅负责孵蛋。它们会把蛋放在脚上，用毛茸茸的腹部给蛋保温。

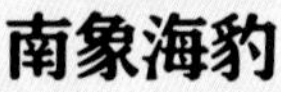

## 南象海豹

南象海豹有着长长的鼻子。为了占有雌性，雄性南象海豹之间会用自己庞大的身躯和尖利的牙齿进行激烈的战斗！

## 贼鸥

贼鸥经常偷食企鹅的蛋和小企鹅，还会抢占其他鸟的巢穴。但当人们靠近它的蛋时，它又会生气地扑过来。如果你想要靠近它们，就要戴上一顶结实的帽子。

## 蓝鲸

蓝鲸是地球上体积最大的动物，甚至比恐龙还要大！

## 南极蠓

南极仅有六十几种昆虫，南极蠓是其中最大的一种，但它们不会飞。

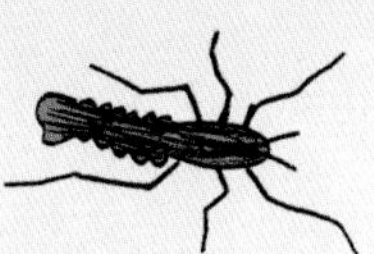

## 海鸟蜱虫

这种昆虫吸食鸟血，但是一年只需要进食一次。

（进食前与进食后）

哪怕是最让人意想不到的地方也有生命存在！2020年，罗瑟拉站的几位科学家在冰架上钻开了一个深孔。
他们将一个摄像机下沉到了海底，出乎意料的是，竟然真的发现了活着的生物！
900米

## 神秘的生命体！

钻孔幽深黑暗的底部是远离光照且食物匮乏的地方，科学家们发现一块岩石上覆盖着海绵和一些从未有人见过的生物。

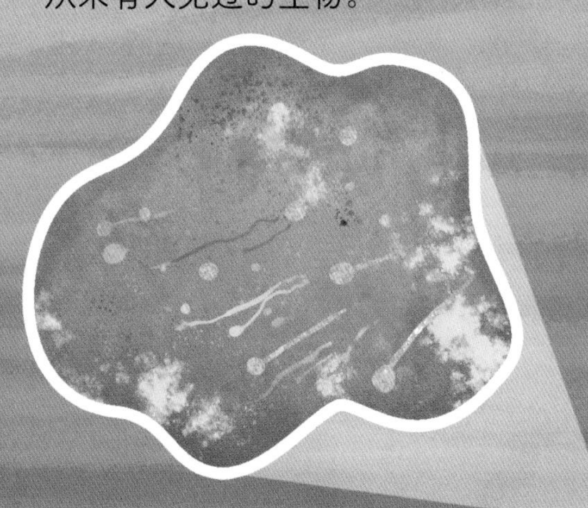

你好，薇薇安！我是爱丽丝。你能来一下维修车间吗？我的钻机坏了！

09：30——
维修车间
找到了！爱丽丝，这个螺丝可以用来修你的钻机。

你为什么需要这么大功率的钻机呢？
我是一个地质学家，需要用钻机来采集岩石样品。

我热爱岩石！它们能讲故事，还能穿越时空！

岩石能穿越时空？

是的！我们会用一个更大的钻机在冰架上钻很深的钻孔，然后采集冰盖下面基岩的样品。
将数百万年前的基岩样品挖掘出来就是某种意义上的时空穿越。
那时候的南极还没完全被冰雪覆盖。
事实上，岩层中的化石表明，在大约一亿年前，南极遍布热带雨林。
太奇妙了！那岩石什么时候会开口讲故事呢？
当我们在实验室研究它们的时候，岩石会通过实验结果告诉我们更多信息，比如在它们形成的时候，南极的古环境是什么样子的。
这些信息能够帮助我们预测全球气候变暖将导致的变化。

工间休息！一起喝杯茶吧，这是你的！
好啊，谢谢！
别客气。薇薇安，你为什么会来南极呢？
我从小就很喜欢修东西。
敲
扭
但是我不想在父母的作坊里干一辈子。
嗡……嗡……
所以我去军队里服役了5年，在那里学到了很多东西。
咔嚓！咔嚓！
离开军队时，我并不确定自己到底想干什么。
然后我就看到了这个职位的招聘广告。在一个极不寻常的地方做一份寻常的工作。我很感兴趣！

这件事听起来就很有趣！
耸肩

事实证明，也确实很有趣！
哈哈，这里确实很不错！干杯，薇薇安！欢迎你加入我们！
砰！

爱丽丝，你来这里已经有段时间了，除了听岩石讲故事，你还有其他的娱乐活动吗？
当然！
哈哈！这是布兰奇，我的岩石朋友。它有点儿嫉妒我的其他爱好了。
啧啧……

这里的活动特别丰富！有智力竞赛、看电影、滑雪、瑜伽、慢跑……
还有激烈的桌游比赛！
不过我最喜欢去罗瑟拉角散步，那是在悬崖顶上的一小块沙滩。
那里十分寂静，甚至能听见自己的心跳。

那里的风景也不赖。
南极遇难者纪念碑
有一次我看见一群虎鲸花了一个小时的时间想要把食蟹海豹从冰上撞下来。
最后虎鲸也没能成功，食蟹海豹十分幸运地逃过一劫！
虎鲸像这样把头探出水面的动作就是浮窥。

明天的工作结束后，你能带我去罗瑟拉角吗？
好呀！非常乐意。


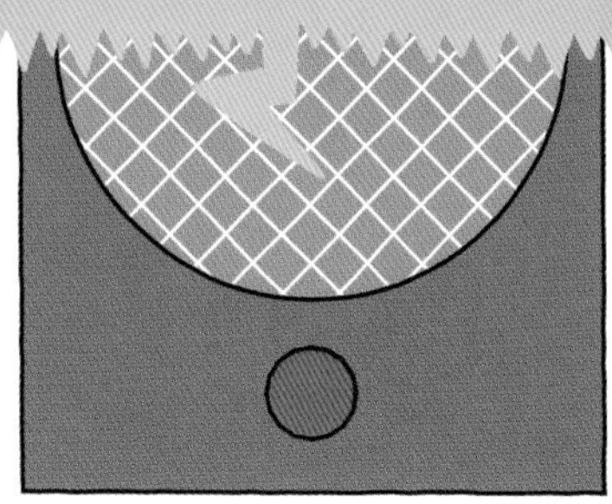

这里是站长广播。提醒大家，激动人心的足球比赛即将在20分钟后开始。

你去踢球吗？
不了，今天轮到我去厨房帮厨。我有成堆的土豆要削皮。
祝你好运！希望你们能获胜！


科考站里的每个人都需要帮忙做饭和打扫卫生。

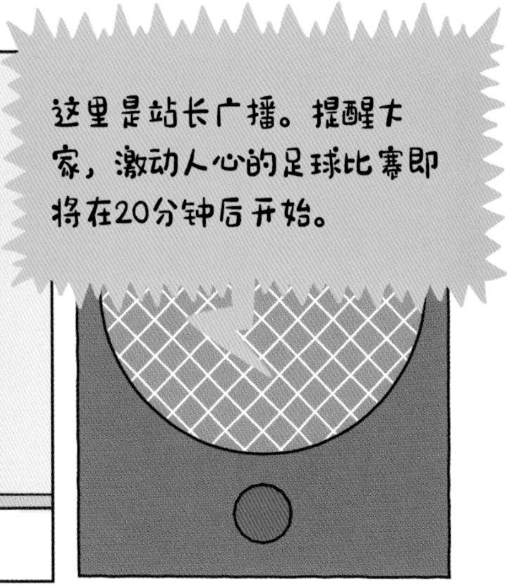

呃……嗯……我还是有点儿紧张。

呀！打扰您了，海豹先生！
污水处理处
ZZZZZZ
ZZZZZZZZZZZZZZZZZZZZZ




南象海豹会选一些奇怪的地方来打盹儿。

11：00——激动人心的足球比赛

加油，罗瑟拉！

来吧，西班牙！

天气很暖和，地面没有结冰，所以一点儿都不滑。

但地面很坚硬，有很多石块，薇薇安可能要后悔没戴护膝了。

**球员们都很棒！**

前锋（野外向导）
曾经登上过珠穆朗玛峰。

### 卢斯·罗哈斯

守门员（生态学家）
正在进行南极塑料垃圾污染的研究。

### 阿杰伊·辛格

左边锋（空间物理学家）
研究地球的磁场。

### 布鲁斯·萨克逊

右后卫（飞行员）
已经在南极执行过20次工作任务了。

我的膝盖好疼！

嘎！

罗瑟拉队：2分

西班牙队：2分

2020年，中国的直升机帮助撤离了澳大利亚戴维斯站生病的工作人员。

# 和平安宁的大陆

1959年12月，来自12个国家的代表签署了《南极条约》。
1983年，中国加入《南极条约》。

《南极条约》建立了一个致力于和平和科学研究的自然保护区。

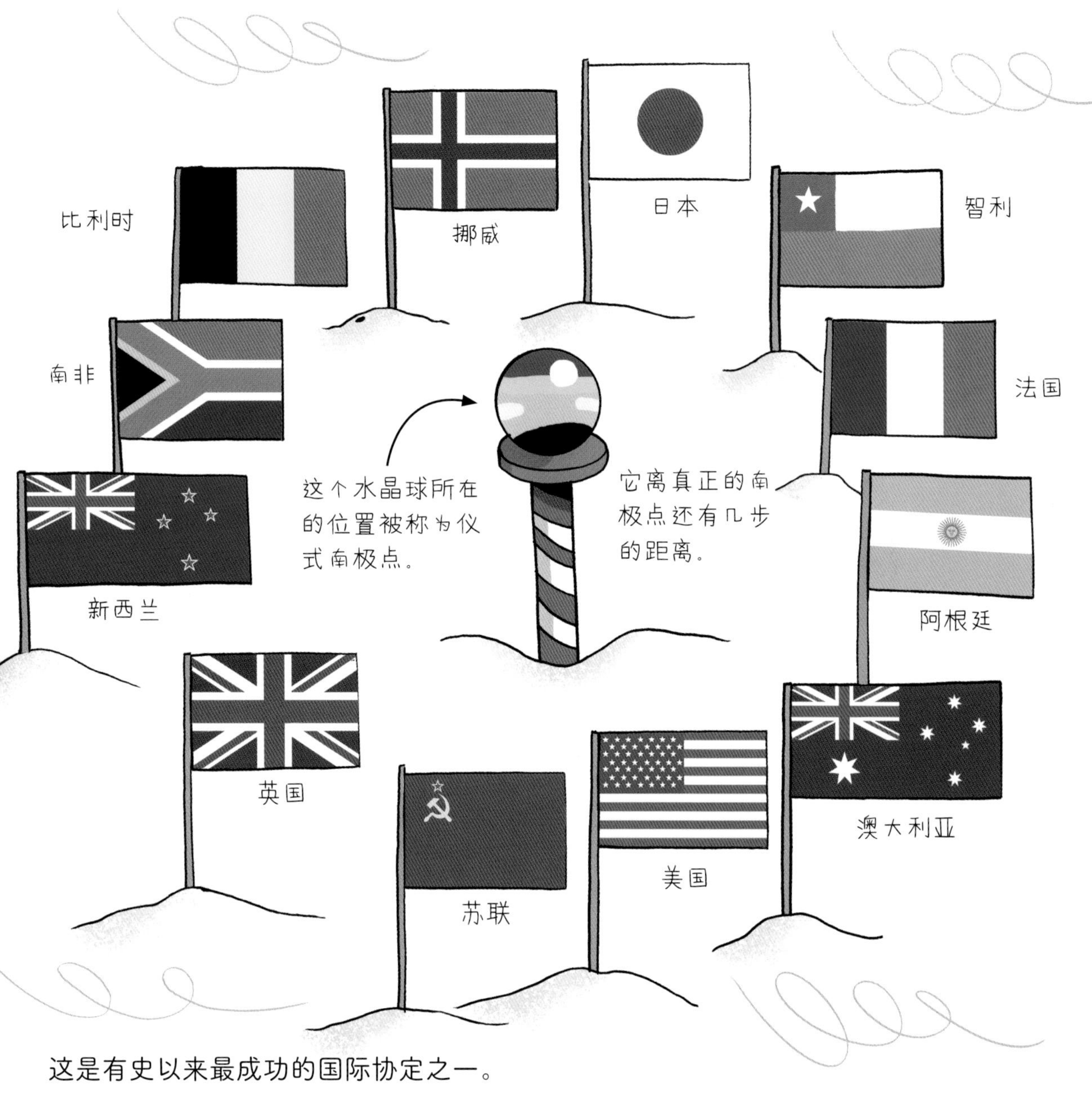


这是有史以来最成功的国际协定之一。
加入《南极条约》的国家承诺南极永远不会有冲突。

现在，已经有54个国家签署了《南极条约》。
它使南极成为独一无二的存在——一块和平安宁不被打扰的完整大陆。

13：00——
午餐时间
在这儿生活需要经常换衣物。我今天就已经换了7次鞋子了。

哈哈，是的。在这儿也容易感觉肚子饿。我一天至少要吃五顿饭！

站长，这是你第几次来罗瑟拉站？
这是我在这儿过的第八个……不，第九个夏季！但并不都是连续的。
大家通常都在一起吃饭。
好吃！

薇薇安，听说你进球了！饭菜怎么样？
嚼
请代我感谢厨师！也感谢削土豆的人！哈哈！
非常棒！

站长！站长！这里有突发情况！完毕！
罗杰，我是站长，什么情况？完毕！
雷达组的一辆机动雪橇坏了！他们现在被困在冰架上。天气看起来也不太好。请求救援！完毕！
科林，准备一架“双水獭”型飞机，一个小时后起飞！
大口吞下
苏，尽快给我一份天气预报。离暴风雪到来还有多久？到通信塔那里向我汇报。
鲍勃，我希望你做此次任务的野外向导。
还有薇薇安！带上你的工具。你负责去修理机动雪橇。别紧张，你可以的！
紧张

薇薇安，你还好吗？准备好去参加第一次紧急任务了吗？
准备好了！我很兴奋！

太好了！作为你的野外向导，我的任务就是确保你安全地工作。
一定要带好自己的装备，最好多检查几次。还有，记得带上备用的袜子！
备用的袜子，明白了！

我会先去把已经准备好的行李装进飞机里。半个小时后我们在飞机库房见吧。
别忘了带上巧克力！
天哪！我真的准备好了吗？我们会遇到暴风雪吗？我最好赶紧收拾东西！

哼哼！
薇薇安

呜呜呜——
呜呜呜——

薇薇安的救援装备
私人物品
各种厚度的
抓绒保暖衣
薇薇安自己织的
羊毛帽子
防风工装背带裤
手套
防护罩镜
一套羊毛内衣
防风外套
备用内裤
牙刷
哨子
罗盘
结实的硬头
靴子
无线电对讲机
水瓶
厕纸
工具包

## 露营装备

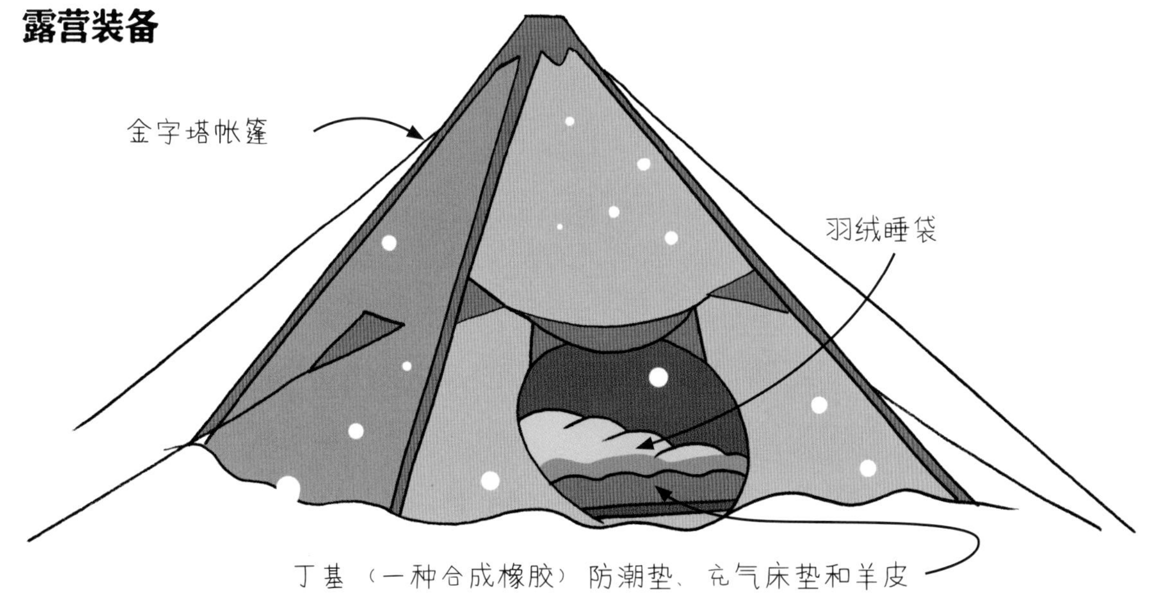


## 食物

可供单人食用二十天的标准补给盒，食物多样，营养均衡，能够提供约3,500千卡的热量。下面是盒子中的一些食物。

14：00
我们大概需要飞行
3小时。

我们最好趁现在
赶紧睡会儿。

14：05
ZZZZZZZZZZZZZZZZZZZZZZZZZZZZZZ

我们能准时到达吗？
我把扳手放
在哪儿了？
如果我们遭遇了暴风
雪怎么办？

也许这个能分散
我的注意力？
ZZZ
ZZZZZZZ
"双水獭"型
飞机全解析

“双水獭”型飞机
续航：1435公里
最高时速：约240公里
装载能力：飞行员外加最多四名任务执行人员
引擎：双涡轮螺旋桨
翼展：19.8米
长度：15.7米
在雪地上降落时用的滑雪板。降落在罗瑟拉站附近布满碎石的跑道上时它们能升起来。
罗瑟拉站有四架“双水獭”型飞机。
“双水獭”型飞机是坚固且值得信赖的。它们只需要很短的跑道，很适合在南极使用。
啊！这里的风景简直太美了！
嘎！

我们要做好应对各种突发情况的心理准备。但是别担心，我们会顺利完成任务的！

一定要戴上墨镜！

呼……呼……

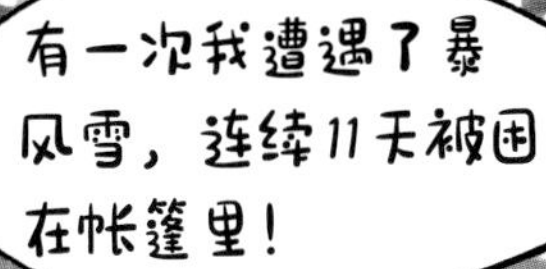
有一次我遭遇了暴风雪，连续11天被困在帐篷里！
狂风呼啸，积雪成堆。我什么都看不清……
甚至得用罗盘才能找到厕所。
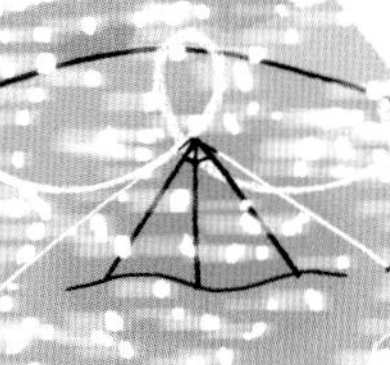

鲍勃
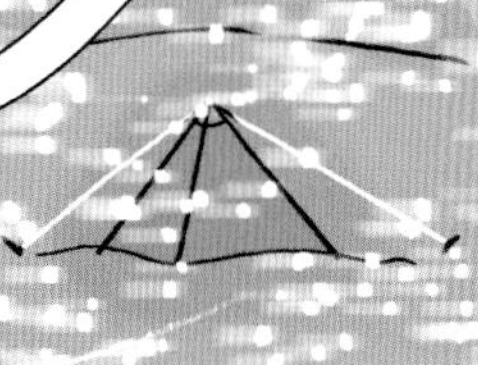

鲍勃，你说的这些让我更紧张了……

还有一次我们飞到了一处上一季曾经扎营的地点。
但是那里什么都没有了！营地消失了！

最后发现它是被巨量的积雪埋起来了！更糟的是，由于冰川的移动，它偏离了原本的地方。
我们费了好大的劲才把它挖出来！
系好安全带。我们即将在10分钟后降落。

16：55——
在拉森冰架上
哎呀！风越来越大了！
黑色的旗子标记了跑道（滑道）。
被雪覆盖的跑道只要平坦无裂缝，“双水獭”型飞机就可以降落。
这些线是雪面波纹，是风吹积雪形成的波浪形状的大雪脊。
薇薇安，你好，我是野外向导玛丽亚。就是我的机动雪橇坏了，我们被困在这里了。

它正在靠近……我觉得还有不到一个小时的时间。

暴风雪来临之前的卷云轨迹。

呼……

呼……

呼……

呼……

呼……

随着暴风雪的临近，风开始呼啸着刮过冰面。

我们最好挖一个坑，这样可以更快地支起帐篷。

对，我记得训练的时候提到过。

好主意，我来帮忙！

## 搭建金字塔帐篷的八个步骤

1. 通过观察雪面波纹来判断主要的风向。

2. 在雪地里挖一个方形的、平整的坑。
待会儿会用到大雪砖。

3. 在雪坑的每个角上都挖一个类似菱形的洞。

4. 把帐篷抬到合适的位置上，将帐篷的四个角对准四个洞。

5. 拉紧绳索，然后把绳索钉在地上。

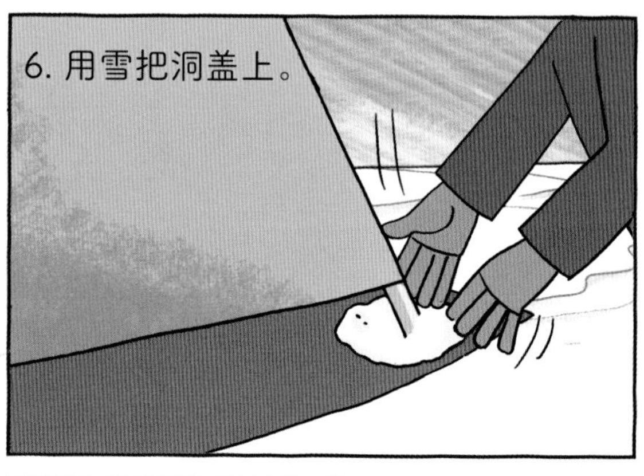

6. 用雪把洞盖上。

7. 用装备和大雪砖压住帐篷以防被风刮走。

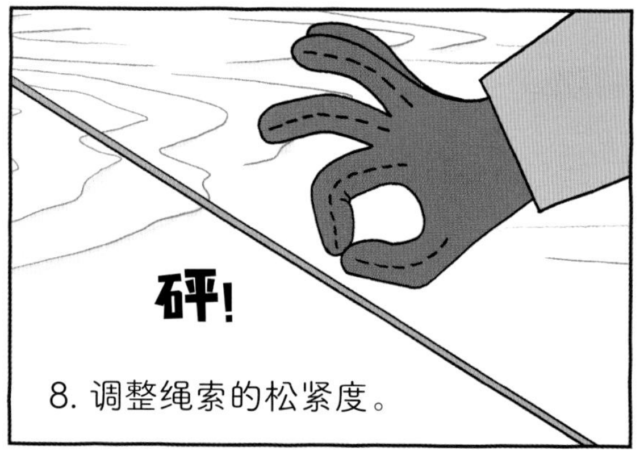

砰!
8. 调整绳索的松紧度。

你把剩下的雪砖堆在边缘，我来收拾里面。
帐篷是橙色的，比较醒目。
帐篷内外
1. 烹饪盒
2. 石蜡燃烧炉
3. 金属溢出盘
4. 食物盒
5. 无线电设备
6. 个人物品
7. 装水的容器
8. 雪刷
9. 应急装备
10. 雪砖
这是我搭帐篷最快的一次。没想到你竟然是第一次搭帐篷。
是的！很新奇！你竟然已经泡好了茶！
1
2
3
4
5
6
7
8
9
10

咚！咚！哎哟！我一直都不太会爬过这些门。
金字塔帐篷是双层的，这样保暖效果更好，但是也会让人们很难姿势优雅地进出帐篷。
好香的茶！玛丽亚马上也会过来。她正在给我们建厕所。
太棒了！你还好吗？之前发生了什么？
现在好多了，起码我知道我们是安全的……
但刚刚确实是死里逃生……

我们到外面去测量冰架的厚度。
我跟在玛丽亚后面，我的机动雪橇后还拖着雷达雪橇。
玛丽亚在前面带路，提防着冰裂隙。
为了安全，机动雪橇需要用绳索连接。

结果她真的遇到了一处！

她突然就开到了一处巨大的冰裂隙的边缘。我当时以为她要掉下去了！

但是她猛地掉转了机动雪橇，十分及时！

噼啪！

噼啪！

噼啪！

砰！

但是这样的颠簸让她的机动雪橇发生了故障，没过多久就无法行驶了。

我来啦！还有茶吗？

# 山姆的小课堂

趁着喝茶的时间，我来给你们介绍一下我们前一季工作过的科考站和一些关于冰川的知识吧！

## 哈雷6号

英国的哈雷6号科考站堪称最先进的科考站，它建在威德尔海的漂浮冰架上，是世界上第一个可移动的科考站。

当所处的冰架变得不稳定时，整个科考站都可以移动到安全的地方去。

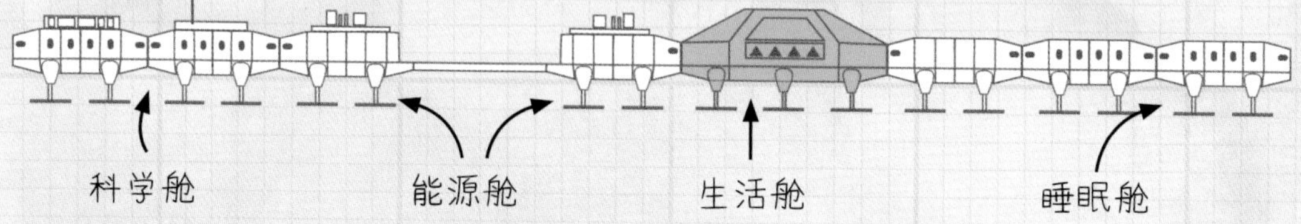


哈雷6号可容纳近60名科学家在此工作，不过在冬季仅有20名在那里过冬。这些科学家研究冰架，全球甚至全宇宙的气候，以及臭氧层。

## 冰芯

南极冰盖是由覆盖在陆地上几百万年的冰一层一层堆叠形成的。

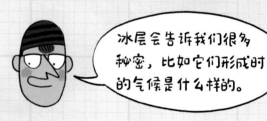

冰层会告诉我们很多秘密，比如它们形成时的气候是什么样的。


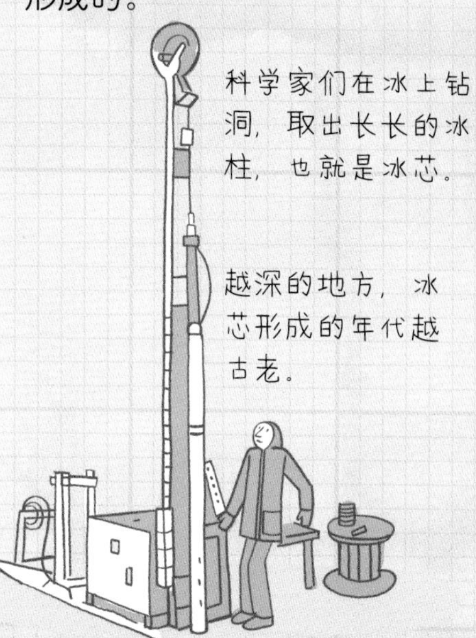

科学家们在冰上钻洞，取出长长的冰柱，也就是冰芯。

越深的地方，冰芯形成的年代越古老。

目前，科学家们在南极钻取到的最古老的冰芯是80万年前的。

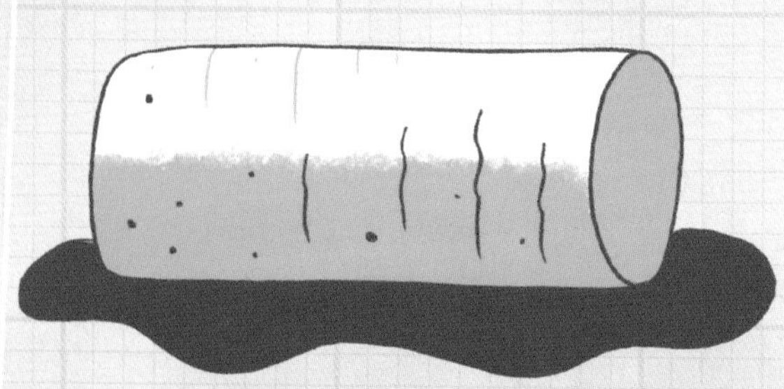

科学家们通过对比冰芯中不同冰层的水、化学物质以及气泡的特征来分析冰层形成时的气候条件。

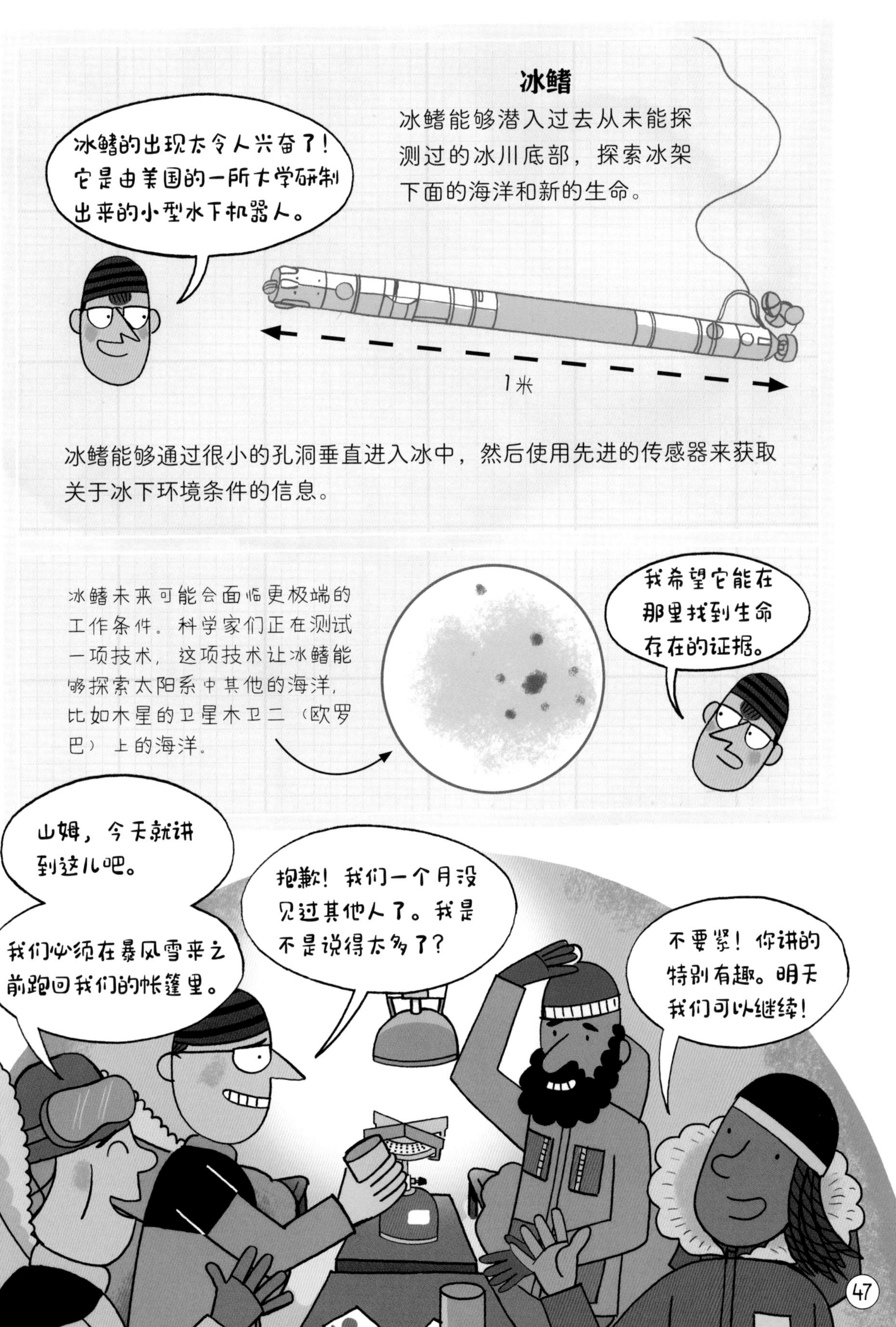
冰鳍
冰鳍能够潜入过去从未能探测过的冰川底部，探索冰架下面的海洋和新的生命。
冰鳍的出现太令人兴奋了！它是由美国的一所大学研制出来的小型水下机器人。
1米
冰鳍能够通过很小的孔洞垂直进入冰中，然后使用先进的传感器来获取关于冰下环境条件的信息。
冰鳍未来可能会面临更极端的工作条件。科学家们正在测试一项技术，这项技术让冰鳍能够探索太阳系中其他的海洋，比如木星的卫星木卫二（欧罗巴）上的海洋。
我希望它能在那里找到生命存在的证据。
山姆，今天就讲到这儿吧。
我们必须在暴风雪来之前跑回我们的帐篷里。
抱歉！我们一个月没见过其他人了。我是不是说得太多了？
不要紧！你讲的特别有趣。明天我们可以继续！

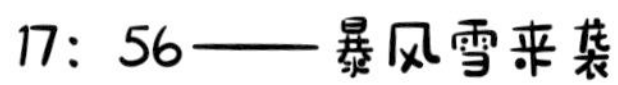

17：56——暴风雪来袭

我们和暴风雪仅仅隔着几层薄薄的面料，这感觉很奇怪。
我懂！我想暴风雪即将……

风声太大了！
我听不见你说话！
呼啦啦！

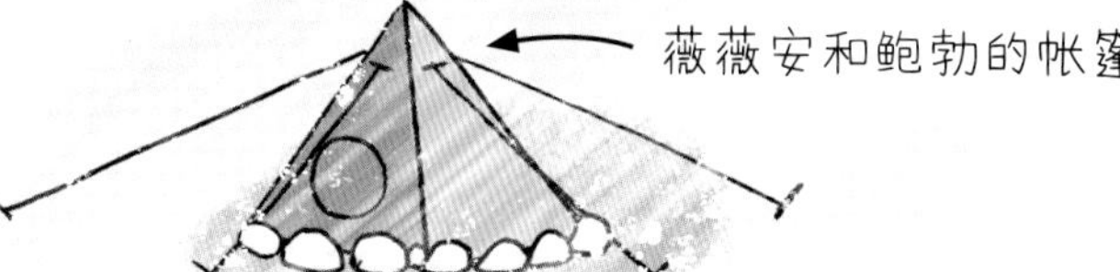

薇薇安和鲍勃的帐篷

这些帐篷可以抵抗时速高达100公里的暴风雪。

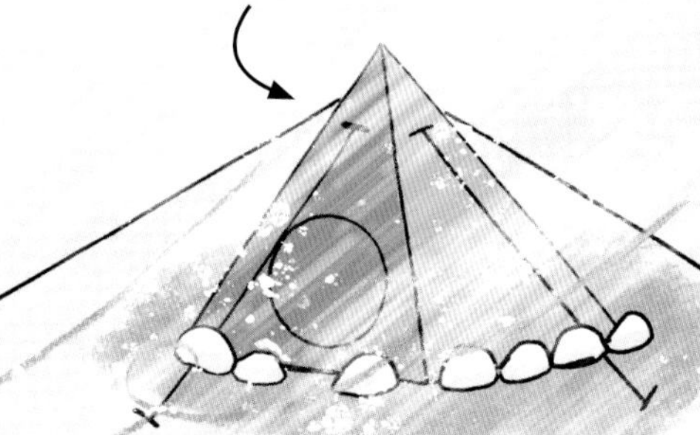

# 南极的天气

南极大陆是世界上最冷、风最大、最干燥的地方。

地球表面记录到的最低温度是1983年7月21日在南极沃斯托克站记录到的-89.2℃。

在极度寒冷的情况下，每一次呼吸都是痛苦的。吸气的时候一定要小心，不要冻伤自己的喉咙或者肺。

在冰架之上，大量的冷空气聚集。

重力使得这些冷空气沿着山坡向下滑，形成重力风。这种风的威力堪比飓风。

重力风带来的风暴可以持续数周。

这里根本没有多少降雪，这使得南极成为世界上最大的荒漠。

风暴看起来像暴风雪，其实是因为过去的降雪被吹起来了。

南极大陆是全球海拔最高的大陆，巨大的山脉被覆盖在冰盖之下，冰盖的厚度可以达到4500米左右。

海拔越高，温度越低。

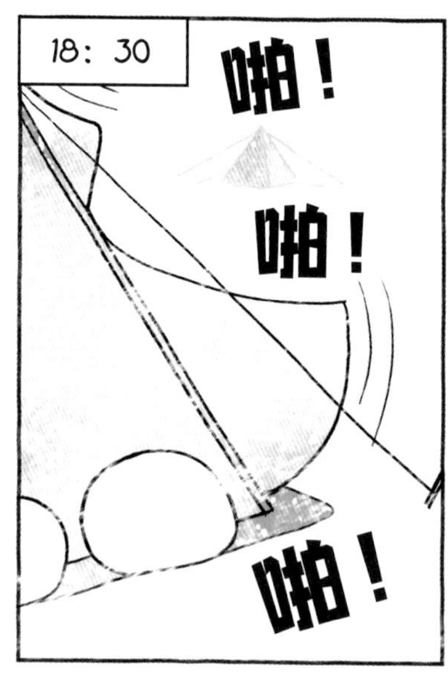
18：30
啪！
啪！
啪！

石蜡燃烧炉要一直生着火来融化冰块，我们用来做饭、清洁和饮用的水都来自这些冰块。燃烧的炉子也能让帐篷里更温暖。

18：45
真奇怪，汤在帐篷里总会变得更好喝。

18：50
不敢相信帐篷里能这么暖和！
哇……

但是我们的活动空间实在太小了！
砰！

哈哈！哈哈！
哈哈！
哈哈！
哈哈！
哈哈！

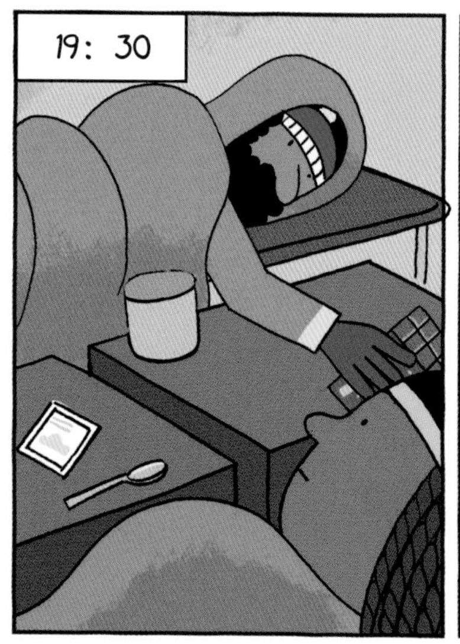
19：30

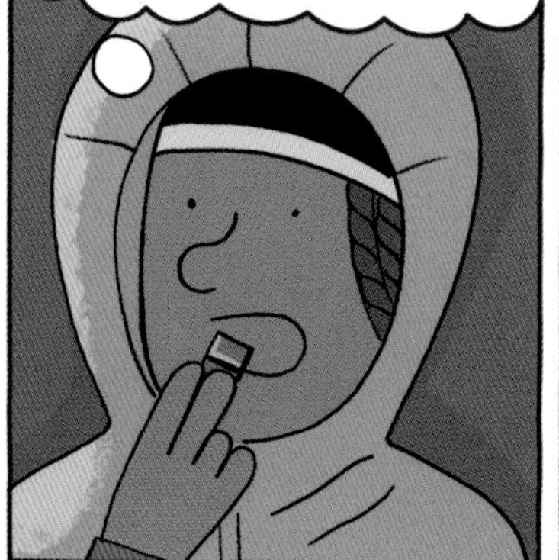
你看起来已经习惯了，这太搞笑了！我现在得把这本书放在哪里呢？

伟大的南极之旅

# 罗尔德·阿蒙森的远征

罗尔德·阿蒙森是一位挪威探险家，也是世界上第一个到达南极点的人。

1911年10月19日，5名队员和52条狗一起开始了这次去往南极的远征。

他们花费了一个月的时间穿越罗斯冰架。

11月17日，他们到达了横贯南极山脉。经过艰难的寻找，最终他们在一处陡峭的冰川上发现了一条可以穿越山脉的路线。雪很软，所以他们攀爬得很艰难。

探险队员们穿着驯鹿皮和狼皮制成的衣服。

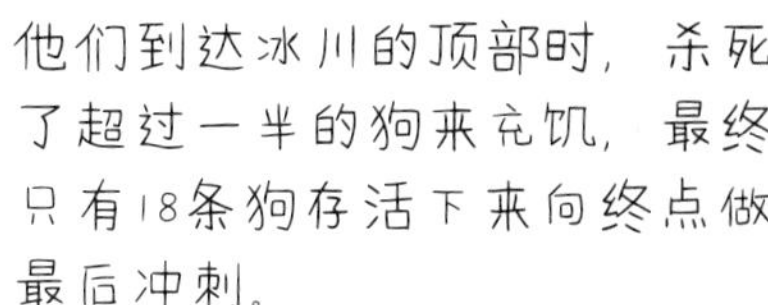

他们到达冰川的顶部时，杀死了超过一半的狗来充饥，最终只有18条狗存活下来向终点做最后冲刺。

12月12日，阿蒙森看到地平线上有一个黑色斑点，他以为自己要牺牲了。最后证实这只是狗的粪便，被海市蜃楼放大了。

11月25日，他们经历了这条路线中最艰难的一部分——一路上充满了被雪覆盖的冰裂隙。阿蒙森称这段路为“魔鬼舞厅”。

南极点

12月14日，阿蒙森和他的团队在南极点插上了挪威的国旗。他们是第一批到达这里的人。

20：45
暴风雪好像平息一点儿了。
肯定是。我能听到你说话了，而且你也没有大声喊！

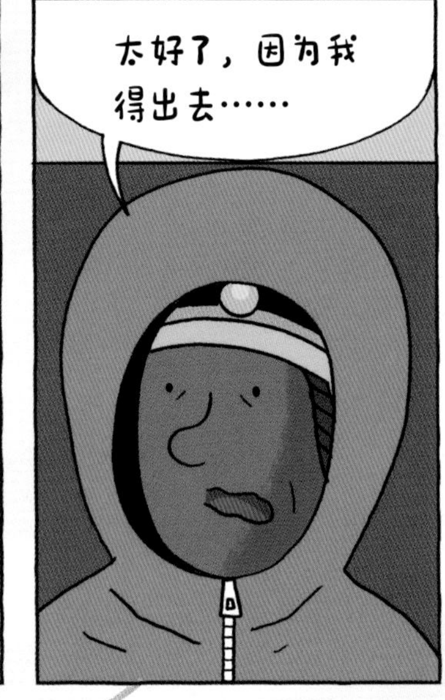
太好了，因为我得出去……

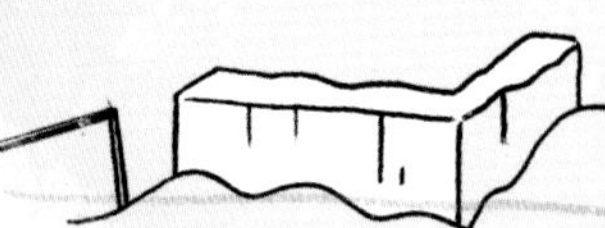
啊，风声还是好大！帐篷里比外面安静多了。
呼啦啦！

在排泄用的桶上放一块木板可以防止你在寒风中被冻在上面。
桶

冰墙可以阻隔大风，也能够保证隐私。

## 在南极的户外上厕所

### 基本事项

- 南极非常寒冷，所以我们的任何排泄物都不会被降解。
- 不能破坏南极最原始的环境。
- 必须带走我们产生的垃圾。
- 废物桶会被运回科考站进行处理。

### 高级技巧

- 如果是晚上，你可以在帐篷里用一个瓶子解决上厕所的需求。
- 喝水用的瓶子和排泄用的瓶子要分别贴上清晰的标签，以免混淆。

- 液体冰冻后会膨胀，所以要把排泄用的瓶子放在睡袋的底部保温，否则你可能会看到它在帐篷里爆炸……
- 记得拧紧瓶盖！

感觉怎么样？是不是下半身都冻僵了？
太冷了！而且暴风雪还没有停！

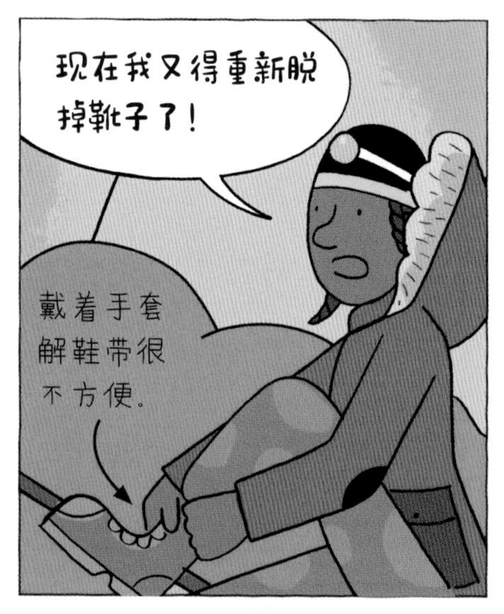
现在我又得重新脱掉靴子了！
戴着手套解鞋带很不方便。

20：55
晚上，罗瑟拉站与每一个野外站点进行无线电通话。
这里是罗瑟拉站。薇薇安，情况怎么样？完毕！
一切都很好。谢谢！暴风雪太令人兴奋了！完毕！

好消息是：暴风雪会持续一整个晚上，明天会是一个好天气，晴空万里，阳光灿烂。完毕！

好极了！希望我能修好那辆机动雪橇。完毕！
好的。祝你们晚安！完毕！
野外的远距离通信可以使用高频率的野外无线电。

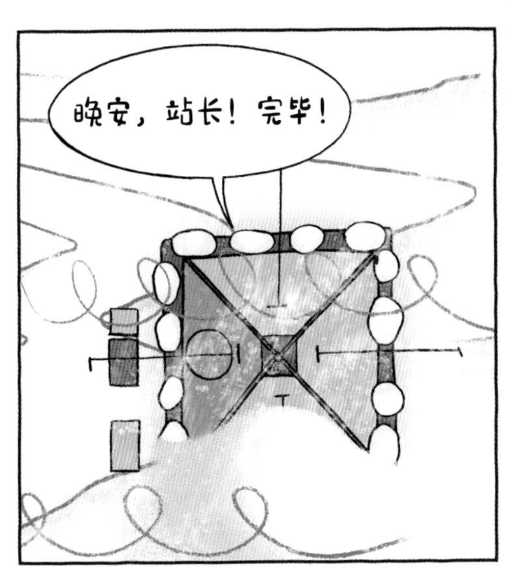


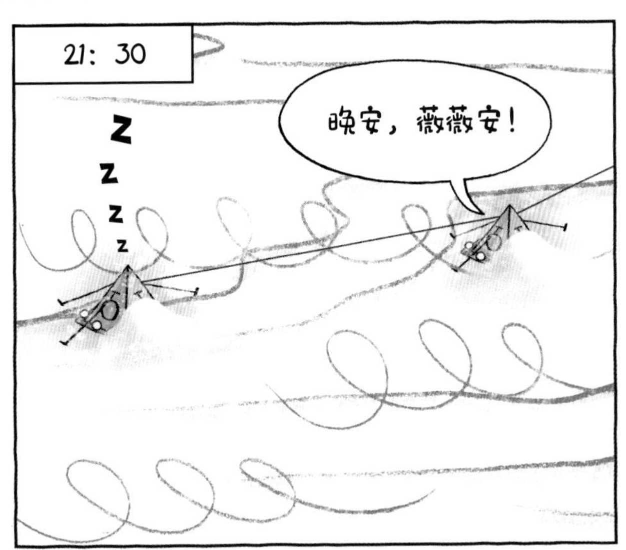

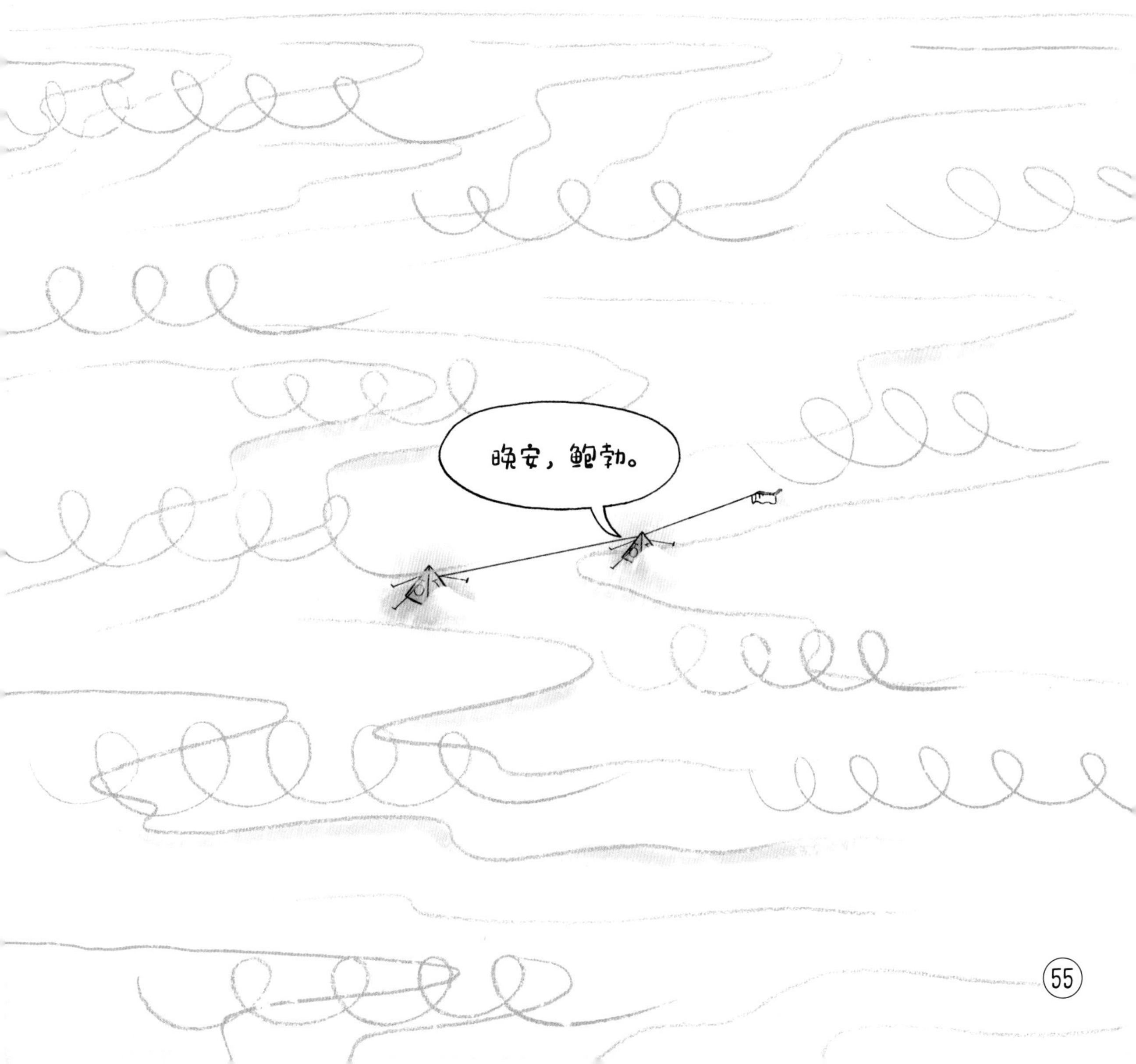

晚安，鲍勃。

次日05：30
为什么这么安静？
哇！我这是在哪儿！
早安，薇薇安，
我泡了咖啡！
有些不对劲？
暴风雪已经停了！
快点出来！别忘
了戴墨镜。

次日06：30
薇薇安，你觉得能修好它吗？修不好的话我们的任务就得结束了。
应该没问题，我来看看。

好的，我想我知道问题出在哪儿了……
山姆，这些装备都是做什么用的？

这是我们的雷达雪橇。它协助我们绘制冰架底部的图像，探测是否有冰层在融化。

雷达装备

发射穿透冰层的

无线电波

拉森冰架

海洋

当无线电波到达水面的时候会反射回来，由此就可以测算出冰架的厚度。

我们的监测显示冰层正在融化。在过去的50年里，一些地方的气温已经上升了2.5℃。

不断攀升的气温说明海水也在不断变暖，所以冰架从上到下都在融化。

而且它们还在不断崩解。


2017年，拉森冰架的一处崩解产生了史上规模最大的一座冰山。这座冰山的面积大约是卢森堡面积的两倍。

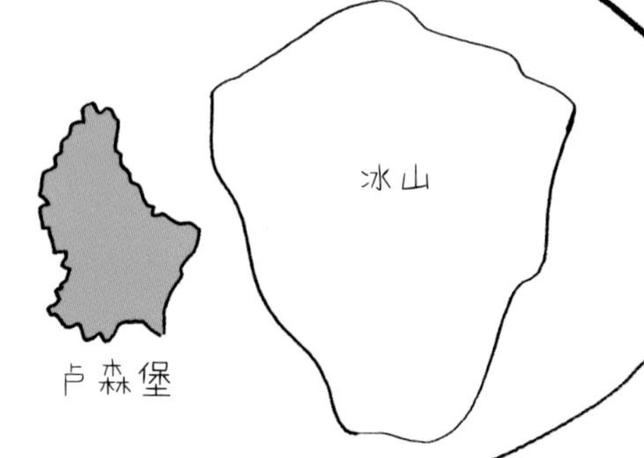

我猜你们想叫它卢森冰山？
哈哈哈！
但是说正经的……

如果冰架崩解了，更多来自南极大陆的冰会更快速地滑移至海中并且最终也会融化。
到那时会发生什么呢？
嗯……海平面会升高。到2100年，全球大部分地势较低的陆地都会被海水淹没。
这就是为什么我们会来到这个几乎与世隔绝的地方！
所以越早了解这些对我们来说越好！

机动雪橇修好啦！

太好了！我们要不要试骑一下？
好主意！我们还有时间吗？

我们的飞机一个小时以后到，你还有时间。我来收拾东西。

那我们走吧！

这地方棒极了！
当你身处广袤的南极大陆时，才会发现自己是多么渺小。

是的！这里是独一无二的！

如果在南极的每一天都像过去的24小时这样奇妙的话……

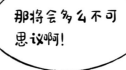

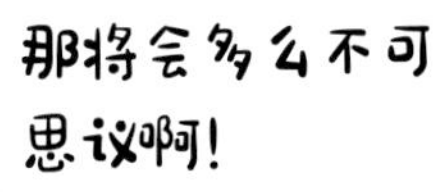
那将会多么不可思议啊！

# 你知道吗？*

**冰川：** 指极地或高山地区地表上多年存在，并具有沿地面倾斜方向移动趋势的天然冰体。

**冰川学家：** 研究地球表面各种自然冰体的科学工作者。

**冰盖：** 又称大陆冰川，覆盖50000平方公里以上陆地的连续冰川冰。

**冰架：** 指冰盖向海洋中延伸的部分。

**冰裂隙：** 冰川或冰河表面的裂缝，有的只有几米深，有的则会深达上千米。

**冰山：** 冰架崩解后成为冰山，冰山与冰盖脱离，漂浮在海面上。

**地质学家：** 研究地球的物质组成、内部构造、外部特征、各圈层之间的相互作用和演变历史的科学工作者。

**滑道：** 本书中指带滑雪板的飞机可以降落的冰雪跑道。

**机动雪橇：** 用于在雪或冰上行驶的带有滑雪板的小型履带车辆。

**基岩：** 一种坚硬的新矿物岩石，多被土层覆盖，埋藏深度不一，浅则数米到数十米，深则数百米。由沉积岩、变质岩、岩浆岩中的一种或数种岩类组成，可做大型建筑工程的地基。

**南极大陆：** 陆地名，是指南极洲除周围岛屿以外的陆地，是世界上发现最晚的大陆，位于地球的最南端。

**南极点：** 也称南极极点，是地球上没有方向性的两个点之一（另一个点是北极点）。南极点并不是南极冰盖的最高点，覆盖在南极点上面的冰雪始终在移动，因此，科学家每年都要重新标定一次南极点的最新位置。

**南极光：** 是出现于南半球高纬度地区高空中的一种绚丽多彩的发光现象，常见的是像幔帐一样波浪形的光，黄绿色，有时带红、蓝、灰、紫等颜色。

**南极洲：** 即本书中所说的南极，世界七大洲之一，位于地球南端，由大陆、陆缘冰、岛屿组成。

**气候：** 一定地区里经过多年观察所得到的概括性气象情况，具有一定的稳定性，主要的气候要素包括光照、气温、降水等。

**全球气候变暖：** 指近年来全球温度逐步上升的自然现象。

**雪面波纹：** 当风连续从一个方向吹来时，在风吹过的极地平原上形成特有的一系列长而时常陡峭的波状的大雪脊。

**重力：** 物体间相互吸引的力。相同条件下，质量大的物体产生的重力要大于质量小的物体（产生的重力）。

**重力风：** 因地球重力沿山坡下降的风，因此重力风也称为下降风，主要发生在多山或冰川地区。

*本部分内容仅供读者理解参考，具体词语定义请查阅专业词典。

# 索引

## 英国南极考察局

英国南极考察局是全球重要的极地研究组织之一，由英国自然环境研究理事会资助，共拥有600多名研究人员和后勤支持人员。他们通过学科交叉研究揭示了我们的星球是如何运行，如何变化的，同时也影响着世界其他地区政府机构的相关决策。包括南极洲和北极地区在内的极地地区，是我们揭示人类活动和气候变化的相互关系，以及预测未来几十年甚至几百年后气候变化趋势的关键。2022年是英国南极考察局成立60周年。

感谢英国南极考察局的专家们对本书的指导，尤其要特别感谢梅洛迪·克拉克、西蒙·莫利和克莱尔·瓦卢达。

## 中国的南极科考站

1985年，我国第一个南极科考站——长城站在乔治王岛建成。在此后的30多年里，我国又陆续在南极建成了中山站、昆仑站和泰山站。目前正在建设中的罗斯海新站将成为我国第五个南极科考站。

特别感谢

安迪·普伦蒂斯在本书文字方面做出的贡献，

劳伦特·克林在本书图画方面做出的贡献，

杰米·鲍尔在本书设计方面做出的贡献，

斯蒂芬·蒙克里夫在本系列设计方面做出的贡献，

露丝·布罗克赫斯特在本系列编辑方面做出的贡献，

约翰·拉塞尔在数字合成方面做出的贡献，

汤姆·阿什顿·布斯在追加设计方面做出的贡献，

以及来自英国南极考察局的地质学家乔安妮·约翰逊博士和冰川学家、

前科学主管大卫·沃恩教授作为专业顾问为本书做出的贡献。